MÉMOIRE

SUR LES TROUBLES QUI SURVIENNENT

DANS

L'ÉQUILIBRATION, LA STATION

ET LA LOCOMOTION DES ANIMAUX

APRÈS LA SECTION DES PARTIES MOLLES DE LA NUQUE;

PAR

F. A. LONGET,

Professeur d'anatomie et de physiologie, Chirurgien de la première succursale de la Maison Royale de Saint-Denis, membre de l'Académie royale de Médecine, de la société Philomatique de Paris, correspondant de l'Institut de Bologne, de la Société impériale de médecine de Vienne, de l'Académie des sciences de Turin, etc.

(Lu à l'Académie royale de médecine.)

PARIS,

CHEZ FORTIN, MASSON ET Cie, LIBRAIRES,

PLACE DE L'ÉCOLE-DE-MÉDECINE.

1845.

Paris — Imprimerie de BOURGOGNE et MARTINET, rue Jacob, 30.

SUR LES TROUBLES QUI SURVIENNENT

DANS

L'ÉQUILIBRATION, LA STATION

ET LA LOCOMOTION DES ANIMAUX

APRÈS LA SECTION DES PARTIES MOLLES DE LA NUQUE ;

PAR

F. A. LONGET.

———

Les physiologistes admettent, depuis un certain nombre
d'années, que la soustraction du liquide cérébro-spinal oc-
casionne un trouble notable des facultés locomotrices. Ayant
évacué ce liquide, entre l'occipital et l'atlas, après avoir divisé
les parties qui recouvrent l'espace occipito-atloïdien postérieur,
j'ai vu, en effet, les animaux abandonnés à eux-mêmes chanceler
comme s'ils étaient ivres, leur corps se balancer de tous côtés
comme s'il était successivement sollicité par des forces antago-
nistes : mais, chez les mêmes animaux (cheval, mouton, chien,
chat, cabiai, lapin, etc.), m'étant borné à inciser les parties
molles de la nuque, *sans donner issue au liquide cérébro-spinal*, j'ai observé, avec quelque surprise, les mêmes phénomènes jusqu'à présent attribués à sa soustraction.

Dès lors, il devenait nécessaire de faire écouler le liquide cérébro-spinal sans léser les parties musculaires et ligamenteuses de la région postérieure du cou : j'enlevai donc une seule lame vertébrale vers le milieu du dos ; et si, à la suite de cette opération préalable, de la faiblesse survint (à cause de la plaie musculaire) dans le train postérieur, elle ne fut en rien augmentée par l'écoulement du liquide, et d'ailleurs les animaux (chiens) ne présentèrent aucunement la titubation si singulière que j'avais remarquée dans l'autre série d'expériences, après la simple division des parties molles de la nuque.

Mais on pouvait objecter qu'en procédant ainsi, j'avais donné issue à une quantité de liquide moins considérable qu'en perforant les membranes au lieu ordinaire d'élection, à la hauteur du quatrième ventricule, entre l'occipital et l'atlas ; d'où l'absence de troubles dans la locomotion. Il fallait donc avoir recours à une contre-épreuve plus décisive.

Or, en variant les expériences, je n'ai pas tardé à reconnaître un fait important, savoir, la possibilité d'évacuer le liquide au niveau du lieu d'élection, et en même temps d'isoler, pour l'observateur, les effets qui pourraient résulter de cette évacuation, de ceux qui surviennent aussitôt après la section des parties recouvrant le ligament occipito-atloïdien postérieur. Ainsi, j'ai vu (chez les chiens, les chats, les lapins, etc.), la titubation, l'incertitude dans la démarche, que j'avais produites en me bornant à diviser ces parties, disparaître *complétement* en trente-six ou quarante-huit heures : et, dès lors, le ligament occipito-atloïdien postérieur étant demeuré à découvert, la locomotion étant redevenue tout-à-fait normale, les conditions étaient on ne peut plus favorables à la fois pour extraire le liquide cérébro spinal et pour observer l'influence immédiate, si elle était réelle, de son extraction sur l'exercice régulier des organes locomoteurs. Malgré le soin que j'ai pris, au moment de la perforation des membranes, de faire crier les animaux, de gêner leur respiration, ou même, après avoir ouvert les membranes spinales, d'enlever une partie de la voûte crânienne (lapins), pour rendre l'écoulement du liquide plus facile et plus complet (1), dans aucun cas la démarche des animaux n'a présenté la moindre modification. Par conséquent, d'une part, on peut donner issue au fluide cérébro-spinal sans déterminer aucun trouble dans les mouvements; d'autre part, celui qui éclate d'une manière si brusque et si marquée, après qu'on a seulement divisé les muscles sous-occipitaux postérieurs (avec le ligament sus-épineux, quand il existe), ne dure qu'un espace de temps assez court.

A propos de ce dernier résultat, qu'il me soit permis de faire observer qu'ici, pour expliquer la restitution prompte et intégrale des mouvements, il est bien impossible, comme l'ont toujours fait les expérimentateurs qui avaient d'abord évacué le liquide, d'invoquer sa reproduction rapide, puisque son évacuation n'avait point eu lieu d'abord.

Ainsi, évidemment, dans nos expériences, le rétablissement des fonctions locomotrices ne saurait pas plus dépendre de la reproduction du liquide cérébro-spinal, que leur perturbation n'a pu dépendre de son écoulement; et jusqu'alors, par conséquent, la cause de l'apparition de ces phénomènes, aussi bien que la cause de leur disparition rapide, a été entièrement méconnue.

Mais, avant de chercher à les expliquer, il importe de décrire les phénomènes dus à la section des parties molles de la nuque. Comme ils varient un peu selon l'espèce animale, avant d'exposer le tableau comparé de leurs variations, j'indiquerai les effets obtenus sur une espèce donnée, chez le chien par exemple.

----

(1) Ce dernier procédé est dû à M. Foville.

La tête s'infléchit fortement au-devant de la colonne cervicale ; l'animal perd aussitôt l'équilibre, faiblit sur ses quatre membres, spécialement sur les postérieurs, demeure d'abord à plat sur le ventre, et, après être resté un moment comme indécis, tout-à-coup s'élance, fait trois ou quatre bonds en avant avec une grande précipitation, puis retombe à plat en écartant les pattes antérieures, qu'il meut d'une manière brusque et incohérente. Mais bientôt il parvient à se soulever imparfaitement, chancelle sur ses membres écartés, et, s'il marche, s'avance d'un pas mal assuré et bizarre qui lui donne tout-à-fait l'apparence de l'ivresse. Vient-on à l'effrayer, il fait effort pour fuir, s'embarrasse dans ses mouvements, tombe et roule sur lui-même.

Mêmes effets chez le cabiai et le lapin : seulement le train de derrière m'a paru moins affaibli que chez le chien, et le mouvement de recul s'est offert plusieurs fois à mon observation.

Le chat, doué d'une extrême vivacité, d'une adresse et d'une précision si remarquables dans ses mouvements, offre surtout le spectacle le plus frappant par l'impétueux désordre de sa locomotion, rappelant toutes les allures de l'ivresse la plus fougueuse : ses chutes sont fréquentes, et parfois il roule sur l'axe de sa longueur.

Sur cinq moutons mis en expérience, trois ont présenté une tendance manifeste au recul. Le désordre et l'incohérence dans les mouvements ont été moindres que chez le chien, le chat, le lapin et le cabiai. Toutefois, le train de derrière s'est montré assez affaibli et la démarche assez incertaine pour permettre la chute de l'animal.

Chez le cheval, la section isolée des muscles sous-occipitaux postérieurs n'a été suivie d'aucun effet appréciable ; mais, après celle de ces muscles et *du ligament sus-épineux*, la démarche est devenue irrégulière, embarrassée, indécise : l'animal marchait, affaissé sur le train postérieur, comme s'il eût été chargé d'un lourd fardeau ; il étendait et relevait d'une façon bizarre et maladroite les jambes de devant, comme l'eût fait un cheval atteint d'une cécité récente. Néanmoins, l'allure est demeurée plus ferme, plus assurée que chez les autres animaux ; car je n'ai vu survenir la chute chez aucun des trois chevaux qui m'ont servi à exécuter ces expériences.

Tous les effets précédents ne sont bien prononcés, chez ces diverses espèces animales, qu'à la condition que les deux petits muscles droits postérieurs soient entièrement divisés. En cherchant à expliquer ce résultat, on trouve qu'à cause du lieu d'insertion, de la direction de leurs fibres, et de leurs adhérences intimes avec le ligament occipito-atloïdien postérieur, ces deux muscles non seulement empêchent un écartement exagéré de l'occipital et de l'atlas, lors de la flexion de la tête, mais encore soulèvent le ligament occipito-atloïdien et le maintiennent suffisamment éloigné des parties nerveuses sous-jacentes. Aussi, à cause même de l'action spéciale des muscles petits droits postérieurs, les effets qui surviennent après leur section n'ont-ils pas lieu quand on se borne à fléchir fortement la tête des animaux à l'aide de liens appropriés (1).

Je dois ajouter que, sur le chien, le chat, le lapin, etc., ayant fait plusieurs fois la section des muscles cervicaux postérieurs *d'un seul côté*, au niveau de l'espace occipito-atloïdien, je n'ai donné lieu à aucun des phénomènes précédents.

Du reste, j'ai pu, au moment où je venais de les produire, faire disparaître ces phénomènes à volonté et presque instantanément, c'est-à-dire restituer aux animaux leur équilibre et la faculté de marcher, en soutenant leur tête et la retenant dans

---

(1) On trouvera plus loin d'autres raisons qui expliquent également ces différences.

l'attitude normale avec la main ou à l'aide d'un collier de carton suffisamment large.

Cette dernière observation me conduisit à effectuer la division des parties molles de la nuque sur des animaux d'abord munis d'un semblable appareil convenablement découpé ; les effets furent nuls : tandis que, aussitôt après l'enlèvement de l'appareil, ils se manifestèrent avec toute leur singularité.

J'ai dit plus haut qu'ils étaient de courte durée chez les animaux abandonnés à eux-mêmes ; mais cette durée varie selon leur intensité, et, par conséquent, selon l'animal. Chez le cheval, la locomotion redevient régulière après six ou huit heures ; après dix ou douze chez le mouton ; et, chez le chien, le chat, le cabiai, le lapin, la restitution intégrale de la fonction n'a lieu qu'au bout de trente-six à quarante-huit heures.

Si le retour de la fonction est d'autant plus rapide que son trouble a été moindre, il est facile de démontrer que l'intensité de celui-ci sera d'autant plus grande, qu'après l'expérience la flexion de la tête sur la colonne cervicale sera devenue accidentellement plus considérable, relativement au degré de flexion normale. Chez le cheval, l'angle sous lequel se rencontrent les axes longitudinaux de la tête et du cou est un angle droit ; chez le chien, le chat, le lapin et le cabiai, ces deux axes sont à peu près sur le prolongement l'un de l'autre, et forment, par conséquent, un angle extrêmement obtus ; tandis que chez le mouton, leur position relative est intermédiaire aux deux précédentes, c'est-à-dire que l'angle formé est plus ouvert que chez le cheval et moins obtus que chez le chien, etc. Il en résulte évidemment qu'après la division des parties musculaires ou ligamenteuses indiquées, la tête du chien, du chat, du lapin et du cabiai devra s'infléchir plus que celle du mouton, et celle du mouton plus que celle du cheval, pour faire un angle de même ouverture avec l'axe longitudinal du cou. Or, c'est précisément l'ordre dans lequel nos expériences nous avaient amené à classer ces animaux, au point de vue de l'intensité du trouble fonctionnel.

Ces faits se représenteront bientôt à l'appui de la théorie physiologique que nous avons cru devoir adopter.

Il m'importait de savoir si des expériences, semblables à celles que j'avais exécutées sur des mammifères, produiraient, sur les oiseaux, des effets analogues : celles que j'ai faites sur plusieurs Gallinacés, sur divers Passereaux et Palmipèdes, n'ont donné que des résultats négatifs ; la tête ne s'est point fléchie sur le cou d'une manière appréciable, si ce n'est légèrement chez les palmipèdes à bec long et volumineux, comme le canard, dont néanmoins la station et la progression ne m'ont pas paru sensiblement modifiées.

A ce propos, on peut se rappeler que, chez la plupart des oiseaux, l'axe longitudinal du cou est perpendiculaire à celui de la tête, comme chez les mammifères dont la locomotion, après l'expérience, a offert le moins d'irrégularité ; que, de plus, le trou occipital n'est pas, en général, situé à l'extrémité postérieure du crâne, mais vers sa base, au point que, dans la bécasse, par exemple, ce trou est au moins autant que dans l'homme à la face inférieure de la tête ; que les os du crâne des oiseaux sont fort légers à cause de nombreuses cellules qui se remplissent d'air, provenant soit de l'organe auditif, soit des cavités nasa'es ; qu'enfin les apophyses para-mastoïdes sont ordinairement très volumineuses et très saillantes en arrière, comme les fosses cérébelleuses de l'occipital. Or, ces conditions, bien différentes, pour la plupart, de celles qui se rencontrent chez les mammifères, tendent à faire que la tête soit à peu près maintenue sur l'épine par son propre poids au degré de flexion normale, d'où les résultats négatifs que nous avons obtenus : peut-être devrait-on aussi tenir compte du mode particulier d'articulation de la tête avec le corps de la première vertèbre cervicale.

Un fait que je ne saurais passer sous silence, parce qu'il a vivement excité ma surprise, c'est que, chez plusieurs chiens et lapins conservés après l'expérience, la mort ait pu résulter de la simple division des parties musculaires de la nuque, dès le troisième ou le quatrième jour. A l'autopsie, je ne rencontrai pourtant pas de signes qui permissent de croire que l'inflammation extérieure se fût propagée spécialement au bulbe, à travers le ligament occipito-atloïdien postérieur et les membranes de la moelle ; mais je trouvai, pour toute lésion, une congestion cérébrale des plus intenses, qu'il me parut rationnel d'attribuer à la gêne circulatoire et respiratoire qui avait dû résulter de la flexion angulaire longtemps continuée de la tête, et sans doute, en particulier, de la compression de l'artère basilaire et du bulbe contre la base du crâne. Cette remarque m'engagea à tenter sur moi une expérience dans laquelle, pendant près d'une heure, je demeurai le menton appliqué au sternum. Indépendamment de la fatigue musculaire, des battements incommodes survinrent dans les artères temporales, la face s'injecta, des étourdissements, des bruissements d'oreilles se manifestèrent, et ma respiration devenant de plus en plus difficile, je fus contraint d'interrompre cette expérience, de laquelle je ne conservai qu'une céphalalgie qui se dissipa graduellement.

Maintenant il reste à donner une courte explication des autres phénomènes déjà décrits. Les physiologistes ont pu reconnaître leur extrême analogie avec ceux que M. Flourens a le premier signalés après les lésions directes du cervelet.

La flexion angulaire de la tête sur l'atlas, qui, chez certains animaux que nous avons désignés, résulte de la section complète des parties musculaires de la nuque, nous semble devoir occasionner à la fois un tiraillement et une compression de l'axe cérébro-spinal, portant plus spécialement sur les parties qui avoisinent l'articulation occipito-atloïdienne. Ces parties sont le bulbe et la protubérance annulaire, *auxquels se lient tous les pédoncules du cervelet.* Or, ces moyens de transmission n'apportant plus qu'imparfaitement aux muscles l'influence coordinatrice de cet organe, on comprendra qu'il puisse en résulter les mêmes effets que s'il était lésé lui-même directement. D'ailleurs, je n'ai pas négligé de répéter souvent des expériences comparatives sur deux animaux de la même espèce : chez l'un, je lésais isolément, mais superficiellement, le cervelet ; chez l'autre, je ne pratiquais que la section des muscles cervicaux postérieurs, et j'ai toujours trouvé une frappante analogie dans les phénomènes.

Objectera-t-on que, dans nos expériences, ces phénomènes ont été passagers ? Mais tous les expérimentateurs savent avec quelle promptitude les centres nerveux, chez les animaux, s'habituent à une compression et à un tiraillement modérés, avec quelle facilité ils réacquièrent intégralement leur fonction.

Ayant enlevé la voûte crânienne à des lapins, j'ai successivement superposé de petites lames métalliques sur l'encéphale lui-même, jusqu'à ce que je visse les animaux chanceler et près de fléchir sur leurs membres : aussitôt je m'arrêtais, et au bout d'une heure, déjà la station était redevenue plus ferme et mieux assurée.

Sur la même espèce animale, il m'est fréquemment arrivé de pratiquer la section intra-crânienne du trijumeau, et de léser en même temps le sinus caverneux. Au bout de quelques minutes, les animaux tombaient sur le côté opposé à la lésion ; puis je les abandonnais, et le lendemain ils étaient debout sans la moindre trace de paralysie. A l'autopsie, faite après quelques jours, on rencontrait un caillot sanguin qui avait comprimé et déformé l'hémisphère cérébral correspondant.

Ajoutons que, dans ses expériences si variées, M. Flourens a vu souvent, et que nous avons vu nous-même, après des lésions circonscrites du cervelet, les fonctions de cet organe se rétablir d'une manière très rapide et complète.

Je ne m'arrêterai pas à l'examen d'autres théories qui s'offrent également à l'esprit pour expliquer les résultats énoncés dans ce mémoire, et je crois devoir ici m'en tenir à celle qui, jusqu'à présent, m'a paru la plus rationnelle.

Toutefois, je ferai observer qu'un simple déplacement du centre de gravité, par suite de la flexion de la tête, due à la section de ses muscles extenseurs, ne saurait rendre compte des désordres si bizarres qui surviennent dans la locomotion des animaux. Car, comme nous l'avons expérimenté, on ne donne pas lieu à ces mêmes désordres en fixant la tête au-devant du sternum à l'aide de liens convenables, quoique la flexion puisse alors être portée plus loin que chez l'animal abandonné à lui-même, après la section des muscles cervicaux postérieurs. De plus, ne sait-on pas que, quelques minutes après l'amputation de l'un de ses membres, le chien, en changeant son centre de gravité, retrouve l'équilibre? J'ai vu tout récemment un de ces animaux auquel j'avais lié l'aorte abdominale, et chez qui les membres abdominaux étaient complétement paralysés, reprendre instantanément son équilibre à l'aide d'une attitude singulière dans laquelle son train postérieur était entièrement détaché du sol, et qui lui permettait de se soutenir et de marcher avec vitesse et régularité sur ses deux pattes de devant. J'ai déplacé le centre de gravité de bien d'autres manières, sans avoir jamais pu reproduire des phénomènes analogues à ceux qui font l'objet de ce travail.

Maintenant il reste à savoir pourquoi on ne les produit point, quand on se borne à fléchir fortement la tête des animaux à l'aide de liens appropriés.

Dans ce cas, le mouvement se fait par un déplacement de toutes les vertèbres de la colonne cervicale, et, quoique les rapports des vertèbres entre elles soient très peu changés, il en résulte une courbe qui permet un abaissement considérable de la tête, sans lésion possible des masses nerveuses : au contraire, dans le cas où la flexion n'a lieu qu'après la section des parties molles de la nuque, la tête s'infléchit directement sur l'atlas, les autres vertèbres cervicales ne participent point à ce mouvement, et, quoique la flexion ne paraisse pas plus considérable que dans le cas précédent, elle s'est opérée au moyen d'un déplacement angulaire entre l'atlas et le contour du trou occipital, d'où résulte un angle qui fait saillie en dedans et vient comprimer des parties de l'axe cérébro-spinal que nous avons déjà spécifiées (1).

Conclusions. 1° La soustraction du liquide cérébro-spinal n'a aucune influence sur l'exercice régulier des organes locomoteurs : au contraire, la simple section des parties molles de la nuque entraîne la perte immédiate de toute faculté de station et de locomotion régulières.

2° C'est à la division préalable de ces parties qu'on doit rapporter le trouble locomoteur attribué, jusqu'à présent, à la soustraction du liquide cérébro-spinal faite au niveau de l'espace occipito-atloïdien.

3° Ce trouble, si notable chez certains mammifères, est nul chez les oiseaux dont l'axe longitudinal du cou est perpendiculaire à celui de la tête, et le trou occipital situé à la base du crâne.

4° Chez les mammifères, l'incertitude dans la station et dans

_____

(1) On a vu, plus haut, que la section des deux petits muscles droits postérieurs était indispensable pour permettre ce déplacement et tous les accidents qui en résultent.

la marche, après qu'on a divisé les muscles cervicaux postérieurs, est d'autant plus prononcée et disparaît d'autant moins vite que les deux axes précédents forment, à l'état normal, un angle plus obtus.

5° Elle offre, d'ailleurs, la plus grande analogie avec celle qui résulte des lésions directes du cervelet, et paraît avoir pour cause a compression et le tiraillement, au niveau et au-dessus de l'atlas, des portions de l'axe cérébro-spinal auxquelles sont liés les pédoncules cérébelleux.

6° C'est par l'habitude que ces portions encéphaliques prennent si rapidement d'être comprimées et tiraillées, et non par la reproduction du liquide céphalo-rachidien, qu'on doit expliquer la restitution prompte et entière des facultés locomotrices.

7° Même après le rétablissement de ces facultés, la section des parties molles de la nuque, chez certains animaux, peut déterminer la mort en occasionnant une congestion cérébrale des plus intenses, due à la gêne de la circulation encéphalique et de la respiration, qui résulte de la flexion angulaire de la tête sur l'atlas.